SUR LES

MACHINES A TRIPLE EXPANSION[1].

COMPTE-RENDU DES EXPÉRIENCES

DE

M. LE PROF. OSBORNE REYNOLDS, L.L.D., F.R.S., M.I.C.E.,

Par M. Gustave RICHARD,

Ingénieur civil des Mines.

Extrait des *Annales du Conservatoire des Arts et Métiers*. 2e Sie, t. II.

M. Reynolds a présenté à la Société des « Civil Engineers » de Londres, le 10 décembre dernier, un très intéressant Mémoire sur des expériences exécutées par lui au Laboratoire industriel Whitworth, de Owen's College, à Manchester.

Ces expériences ne sont pas complètes : elles ne sont guère que la mise en train, pour ainsi dire, d'une série d'essais que M. Reynolds se propose d'exécuter, seul ou avec le concours d'autres ingénieurs, sur des machines expérimentales installées à Owen's College avec une libéralité malheureusement sans exemple chez nous. Néanmoins, bien qu'encore incomplètes et n'ayant guère abordé en détail que quelques-uns des points d'un vaste programme, les expériences de M. Reynolds sont assez intéressantes pour que nous n'ayons pas hésité à en présenter ici le compte rendu détaillé.

Les machines expérimentales, qui devaient être avant tout très accessibles en toutes leurs parties, afin de se prêter facilement à des expériences nombreuses et variées, devaient satis-

(1) *On the triple Expansion Engines and Engine Trials at the Whitworth Engineering Laboratory, Owen's College, Manchester*, by Professor Osborne Reynolds, L.L.D., F.R.S. (*Inst. of Civil Engineers Proc.*, paper 2407, 10 déc. 1889).

faire au programme général suivant, posé par MM. Ramsbottom, Robinson et Reynolds :

On construira trois machines verticales du type pilon à un cylindre, à volonté indépendantes ou accouplées soit en compound, soit en triple expansion, pourvues chacune d'un frein indépendant et d'enveloppes indépendantes pour les parois et les fonds des cylindres. Chaque machine pourra fonctionner avec des pressions allant jusqu'à 14 atmosphères, des vitesses de piston allant jusqu'à 5^m par seconde et avec des admissions variant de zéro aux deux tiers de la course. L'une des machines sera pourvue d'une pompe à air et d'un condenseur à surfaces; les échappements des autres machines pourront à volonté se rendre directement dans l'atmosphère ou dans des réservoirs intermédiaires à enveloppe de vapeur, qui pourront aussi être mis directement en communication avec la chaudière. La chaudière, du type locomotive à économiseur, devra pouvoir fonctionner à volonté au tirage naturel ou au vent forcé. Les principales dimensions des machines seront les suivantes :

Machines.	Diamètre du cylindre.	Course.	Diamètre de l'arbre.
N° 1. Haute pression..........	127^{mm}	254^{mm}	70^{mm}
N° 2. Intermédiaire...........	203	254	70
N° 3. Basse pression..........	305	381	100
Pompe à air du n° 3..........	229	115	
Pompe alimentaire............	38	510	

Ces machines ont été construites par MM. Mather and Platt, de Manchester, avec une grande perfection et un désintéressement auquel M. Reynolds se plaît à rendre hommage. Leurs dispositions générales, conformes au programme précité, sont complétées par quelques détails nouveaux, qui s'écartent de la pratique afin de faciliter les expériences. Les principales particularités de ce genre que l'on remarque aux cylindres et aux pistons sont les suivantes :

1° Afin d'assurer l'efficacité aussi complète que possible de l'enveloppe des parois et des fonds des cylindres, on fit le cylindre d'une chemise en acier très mince, et l'on donna aux fonds une forme bombée facilitant l'écoulement de leur eau de condensation;

2° Afin de faciliter l'écoulement de la vapeur, on donna aux lumières une section exceptionnellement grande, égale à $\frac{1}{15}$ de celle du piston, et aux boîtes des tiroirs un volume considérable;

3° Afin de diminuer les espaces nuisibles, on fit les lumières droites et aussi courtes que possible, et l'on ne laissa aux pistons qu'un jeu de 3^{mm}. L'espace nuisible total se réduisit ainsi à 5,7 pour 100 dans la machine n° 1 et à 8,5 pour 100 dans la machine n° 3.

On dut, pour pouvoir faire varier la détente jusqu'aux grandes vitesses de 400 tours, adapter une distribution Meyer à double tiroir.

Dans chaque machine, le cylindre est porté par quatre colonnes dont l'entablement appuie latéralement par quatre vis de pression contre le haut du bâti des glissières, construit de manière à résister aux réactions horizontales, tandis que les colonnes n'ont à supporter que les réactions verticales du moteur. On évite en outre ainsi toute déformation du fait des différences de températures entre le cylindre et les bâtis, de sorte que ces machines peuvent faire facilement 100 chevaux à 400 tours sans chauffer aucunement.

Ainsi qu'on le voit sur la *fig.* 4 (*Pl. VI*), l'arbre des machines est placé à une hauteur au-dessus du sol ($0^m,90$) suffisante pour loger facilement les dynamomètres, les freins, etc., et des poulies de $1^m,50$. L'écartement relativement considérable des machines était exigé par la disposition des embrayages qui permettait de les accoupler à volonté et par l'espace à prévoir pour les munir chacune d'un frein indépendant.

L'arbre moteur est divisé en sept tronçons accouplés par six embrayages. A droite de chacune des machines, se trouvent les poulies de frein et des poulies planes ou à corde de $1^m,50$ qui pèsent chacune 550^{kg}; la poulie à droite de la troisième machine, de $0^m,90$, pesait 450^{kg}. Lorsque les trois machines marchent accouplées à 200 tours, on enlève les deux grandes poulies intermédiaires entre la deuxième et la troisième machine. Devant les machines, à $4^m,80$ de l'arbre moteur, se trouve un arbre de transmission pourvu de poulies de $0^m,90$ correspondant à celles de l'arbre moteur. On peut ainsi accoupler l'une ou l'autre des machines sur cette transmission, et lui faire actionner l'un quelconque des freins, de manière à en déduire son rendement.

L'accouplement est constitué, pour chaque arbre, par une sorte de joint d'Oldham (*fig.* 7 et 8, *Pl. VI*) à disque entraîné par quatre biellettes ou menottes, disposées deux à deux perpendiculairement de chaque côté du disque, de manière à laisser aux arbres une grande liberté latérale. Il suffit, pour découpler, d'enlever deux de ces biellettes retenues par quatre boulons faciles à retirer.

Disposition de la tuyauterie de vapeur. — La tuyauterie de vapeur fut disposée de manière à répondre au programme suivant :

1° Permettre d'accoupler ou de faire fonctionner les machines comme il suit :

N°s 1, 2 et 3, en triple expansion,
1 et 3, en compound,
3, en machine simple, à condensation,
1 ou 2, en machine simple, sans condensation ;

2° Fournir dans tous les cas aux machines de la vapeur sèche sans drainage intermédiaire, de manière à pouvoir mesurer d'après l'eau déchargée par la pompe à air la *vapeur* admise aux machines ;

3° Éviter tout effort ou réaction sur les machines par les dilatations et contractions de la tuyauterie.

Les échappements débouchent dans des réservoirs intermédiaires qui alimentent les machines 2 et 3, et qui peuvent aussi recevoir la vapeur directement de la chaudière. Les réservoirs à enveloppe sont constitués par des tubes en fonte de $1^m,80$ et $2^m,40$ de longueur, laissant, entre eux et des tubes intérieurs en fer, de 100^{mm} et de 150^{mm} de diamètre, un espace annulaire servant de chemise de vapeur. Ils sont reliés aux machines par des tubes en cuivre de 100^{mm} et 150^{mm} de diamètre, recourbés de manière à former des joints de dilatation. La vapeur arrive aux réservoirs après avoir traversé un sécheur, et la robinetterie est disposée de manière qu'aucune des machines ne puisse être reliée à la chaudière autrement que par un de ces réservoirs à enveloppes, dont l'eau s'écoule toujours à la chaudière, ainsi que celle des enveloppes des cylindres. A cet effet, le niveau de l'eau dans la chaudière se trouve environ à $1^{m},80$ au-dessous du point le plus bas de ces enveloppes.

La vapeur, prise au haut du dôme de la chaudière par un tuyau de 65^{mm} de diamètre, est amenée au séparateur au travers d'une *reducing-valve* qui en abaisse la pression de $0^{kg},15$ environ. Ce séparateur reçoit aussi l'eau de condensation des enveloppes; il est pourvu d'un niveau qui indique la hauteur de l'eau qu'il renferme. Lorsque la pression du séparateur est inférieure de $0^{kg},15$ à celle de la chaudière, ce niveau se tient à $1^{m},50$ au-dessus du sol, à l'origine de l'étranglement du séparateur. Il suffit de fermer la valve de sortie qui s'y trouve et d'observer la montée du niveau-jauge du séparateur pour évaluer immédiatement la condensation dans les enveloppes et par le rayonnement.

On a été obligé d'établir une tuyauterie, comme on le voit, très compliquée pour pouvoir isoler ou réunir à volonté les enveloppes des réservoirs intermédiaires et des cylindres, au nombre total de quinze. Ne pouvant disposer toutes ces enveloppes en une série traversée par le même courant de vapeur, on s'efforça de disposer la tuyauterie de manière que la charge de la vapeur fût à peu près la même pour toutes les enveloppes. A cet effet, on posa le tuyau d'arrivée de vapeur de 65^{mm} parallèlement aux machines le plus haut possible, ainsi que les tuyaux de prise de vapeur et de purge, avec une pente constante dans le sens de la circulation de la vapeur.

Couverture des cylindres et des tuyaux. — Les cylindres sont protégés contre le rayonnement par une double couverture de bois de 13^{mm} d'épaisseur ; on dut renoncer à la laine de laitier primitivement employée et qui produisait une poussière grippeuse. La tuyauterie est enveloppée d'une garniture de pâte d'amiante de 13^{mm} d'épaisseur.

Le condenseur à surfaces, cylindrique, en cuivre mince de 355^{mm} de diamètre et de 1^{m},22 de long, présente une surface condensante de 14^{mq},87. Il reçoit par un tuyau de 200^{mm} la vapeur de la troisième machine.

La pompe à air a 230^{mm} de diamètre sur 115^{mm} de course, et peut fonctionner à 400 tours. Elle est commandée par la troisième machine au moyen d'un balancier.

La pompe alimentaire, de 50^{mm} de course sur 40^{mm} de diamètre, aspire son eau d'un réservoir en contre-bas de 0^{m},90 et la refoule dans la chaudière au travers d'un serpentin réchauffeur ou économiseur de 21^{m} de long et de 30^{mm} de diamètre. Grâce à l'emploi d'un matelas d'air et de vapeur placé à 1^{m},20 de la pompe, elle peut refouler sans chocs cette colonne d'eau, d'une inertie considérable et sous une pression de 14 atmosphères, même à la vitesse de 400 tours.

Le travail des machines n'étant pas exposé à varier d'un moment à l'autre, on jugea tout à fait inutile de les compliquer par l'addition de régulateurs; on se contenta de les pourvoir d'un régulateur de sûreté destiné à n'agir et à ne fermer la vapeur qu'au cas où la machine s'emporterait accidentellement à partir de 600 tours par minute.

Chaudière. — La chaudière, du type locomotive, avec corps cylindrique et boîte à feu en tôle d'acier de 14^{mm} d'épaisseur, a des tubes en fer de 50^{mm} extérieur et de 2^{m},40 de long, présentant une surface de chauffe de 14^{mq},87, la même que celle des tubes du condenseur. Le foyer, en tôle de fer de 13^{mm}, a 685^{mm} de long, sur 710^{mm} de large et 1^{m},22 de haut, avec une surface de chauffe de 3^{mq},90 ; surface de grille, 0^{mq},371.

Les produits de la combustion descendent de la boîte à fumée à la cheminée le long d'un réchauffeur placé sous la chaudière, et dont le serpentin, traversé par l'eau d'alimentation en sens inverse du courant du gaz, présente une surface de chauffe de 4^{mq},65. Les $\frac{4}{5}$ des tubes de ce réchauffeur (3^{mq},70) sont constamment nettoyés à volonté par un grattoir. La cheminée, de 30^{m} de haut, provoque un tirage naturel d'environ 10^{mm} d'eau.

La chaudière et son réchauffeur sont enveloppés dans une maçonnerie prolongée du côté du foyer en forme d'une chambre de $1^m,80 \times 1^m,80 \times 2^m,40$ de haut, qu'il suffit de fermer pour pouvoir marcher au vent forcé par un ventilateur jusqu'à 50^{mm} d'eau.

Appareils de mesures.

Ces appareils comprennent, outre les dynamomètres et les indicateurs, les dispositifs nécessaires pour mesurer l'eau des enveloppes, la décharge du condenseur, la température des gaz du foyer à la sortie des tubes et du réchauffeur ainsi que celle de l'eau d'alimentation à l'entrée puis à la sortie du réchauffeur.

L'eau de circulation du condenseur lui vient d'un réservoir de 50^{mc}, placé à 35^m au-dessus du condenseur. Cette eau s'écoule d'abord dans un premier réservoir, puis de ce réservoir dans un second, au travers d'un déversoir à débit jaugé expérimentalement en fonction de son niveau, et dont on peut d'ailleurs contrôler les indications d'après la capacité connue du second réservoir, indiquée aussi par son niveau. Des thermomètres donnent la température de l'eau à l'entrée et à la sortie du condenseur.

L'eau de condensation, d'abord séparée de son huile, est mesurée par un compteur Donkin qui la déverse dans la bâche de la pompe alimentaire. On évalue ainsi du même coup le débit du condenseur et celui de la pompe. Le condenseur est pourvu d'indicateurs du vide Bourdon et de thermomètres qui donnent la température de l'eau du condenseur à sa sortie.

Le séparateur fournit la mesure de la condensation dans les enveloppes.

Chaque machine est pourvue d'un compteur de tours.

Les indicateurs sont placés, comme le montre la *fig.* 1, sur les extrémités des cylindres, et disposés verticalement; ils sont actionnés par le levier de la pompe à air dans le cas de la troisième machine, ou par la crosse du piston pour les deux autres. Les tambours des indicateurs reçoivent leur mouvement d'un fil d'acier accroché au levier de la pompe ou à la crosse et tendu par un ressort fixé au plafond. Ce fil porte deux boucles aux-

Fig. 1.

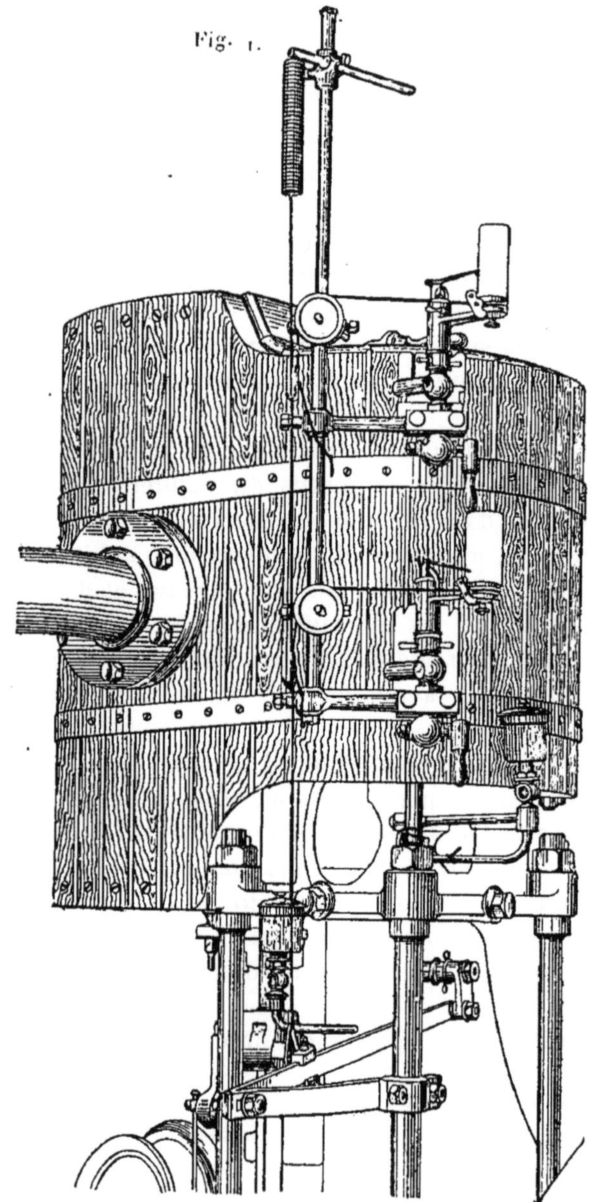

quelles on peut très facilement accrocher les cordes des indicateurs.

Freins dynamométriques hydrauliques. — Après un examen très attentif de la question des freins dynamométriques, M. Reynolds s'est décidé en faveur du frein à réaction hydraulique de Froude, mais en le complétant par des ouvertures formées dans la coquille et dans les vannes du frein de manière à empêcher l'air de l'eau de s'accumuler au centre du tourbillon, autour de l'axe du frein où la pression est moindre. On peut en outre remplacer par le réglage de ces ouvertures le jeu des cloisons mobiles du frein de Froude, et faire ainsi varier dans des limites très étendues la résistance du frein. De plus, le débit de l'eau dans les freins est réglé automatiquement par des robinets reliés à leur levier de façon à maintenir leur résistance sensiblement constante indépendamment de la vitesse.

Les turbines des freins adoptés, construits aussi par MM. Mather and Platt, ont 457^{mm} de diamètre. Leurs leviers ont $1^m,22$ de long avec un jeu de 50^{mm} entre les taquets à leurs extrémités. Leurs oscillations sont très faibles. On a pu laisser ces freins fonctionner presque sans aucune surveillance pendant un an (1).

Essais des machines.

Les essais des machines nécessitèrent, pour être conduits d'une façon méthodique et ininterrompue, l'emploi d'un personnel nombreux et préalablement entraîné. On n'eut pas de peine à recruter ce personnel parmi les élèves de Owen's College. M. J. Hall fut chargé de la conduite de la chaudière et des machines ; la surveillance des expériences fut confiée, sous la direction générale de M. Reynolds, à MM. Foster et Mackinson.

La répartition des services était la suivante :

Six assistants pour relever simultanément, à chaque demi-heure, six diagrammes aux extrémités des cylindres, et les totaliser.

(1) L'appareil de M. Froude, très remarquable, est encore peu connu en France. On en trouvera la description et la théorie dans le journal *la Lumière électrique* du 1er juillet 1882, p. 18.

Trois assistants pour relever toutes les dix minutes les chiffres des compteurs de tours et ceux des freins, calculer la puissance des machines, noter les circonstances intéressantes de la marche.

Un assistant au compteur de l'eau de condensation ; un autre pour mesurer le débit et la température de l'eau de circulation.

Un aide pour mesurer toutes les demi-heures la condensation aux enveloppes ; un pour noter la dépense du charbon et l'allure du feu ; un pour mesurer la température de l'eau à l'entrée puis à la sortie de l'économiseur, ainsi que celle des gaz du foyer dans la boîte à fumée puis à leur sortie de l'économiseur.

Les essais se divisaient en deux séries, avec des équipes différentes : de 9ʰ30 du matin à 5ʰ30 du soir, puis de 6ʰ30 du soir à 9ʰ du matin.

Après avoir chauffé les enveloppes à la pression de 14 atmosphères ou les avoir purgées d'air si l'on ne voulait pas les employer, on faisait d'abord tourner les machines en pleine marche pendant une heure avant l'essai, puis on les arrêtait pendant un quart d'heure. On jetait les feux, on notait les niveaux de l'eau dans la chaudière et dans les réservoirs, et l'on commençait l'essai.

On admettait pour l'arrêt et le rallumage du feu une dépense de $6^{kg},30$ de bois et d'autant de coke. Le combustible était livré par 100 livres à la fois (46^{kg}); on ne faisait une livraison qu'après consommation complète de la précédente.

Après environ six heures de marche continue avec le tirage ordinaire et quatre heures au vent forcé, on laissait les machines tourner aussi longtemps que le permettait la charge alors en feu, et l'on ramenait l'eau de la chaudière à son niveau de départ.

On ne tenait aucun compte du poids des cendres et du charbon laissé sur la grille : l'expérience a démontré qu'on pouvait le faire sans fausser en rien les résultats pratiques des essais.

Les machines marchaient toujours à prise de vapeur grande ouverte, de manière à dépenser toute la vapeur que pouvait fournir la chaudière.

Résultats des essais.

Les essais, commencés en mars 1888, ont continué jusqu'en juin. On en a exécuté et enregistré vingt, au taux régulier de deux par semaine.

Les premiers essais, à 14^{kg} de pression à la chaudière et à triple expansion, dénotèrent, aux enveloppes, quelques fuites sans importance. A 250 tours, ces essais donnaient pour le rendement thermique du moteur, ou pour le rapport de la chaleur équivalente au travail indiqué à la somme de cette même chaleur et de la chaleur rejetée au condenseur, la valeur 0,175, et une dépense de charbon de $0^{kg},68$ par cheval-heure. Après avoir réparé les fuites des enveloppes, le rendement thermique s'élevait, dans les mêmes conditions, à 0,20, et la dépense de charbon s'abaissait à $0^{kg},60$ par cheval-heure indiqué.

Ces essais, à triple expansion et avec une pression initiale de 14^{kg}, furent répétés à des vitesses de piston variant de $1^{m},80$ à 5^{m} par seconde, dans les circonstances les plus variées, avec ou sans enveloppes. Le Tableau I (p. 364) fait connaître les principaux résultats moyens de ces essais. On remarquera que les machines, attelées à des freins indépendants, marchaient à des vitesses différentes dans un même essai. Si les trois machines avaient été accouplées, il n'aurait pu s'y produire qu'une seule détente : celle qui faisait correspondre les chutes de pression dans les cylindres avec les pressions des réservoirs intermédiaires. Avec des machines indépendantes, au contraire, chacune d'elles ajuste son allure de manière qu'il y passe la même quantité de vapeur que dans les autres, et il est facile de régler les détentes de façon qu'elles correspondent aux pressions des réservoirs. On réalise ainsi facilement, avec des machines indépendantes, la marche la plus économique aux différents degrés de détente.

Il aurait fallu au contraire, pour obtenir ce résultat avec des machines accouplées, faire varier les volumes des cylindres avec chaque degré de détente.

Contrôle des mesures. — Il est très difficile de mesurer exactement l'eau passée dans les machines, et cela est pourtant nécessaire pour la comparaison des diagrammes réels avec les diagrammes théoriques. Malgré toutes les précautions prises et l'absence de fuites à la pompe et aux chaudières, on constata toujours, entre l'eau de condensation débitée par les machines et l'eau fournie par la pompe à la chaudière, une perte variant de 5 à 10 pour 100. En conséquence, on prit pour point de départ et de comparaison la dépense de l'eau dans la bâche du condenseur.

Connaissant la chaleur abandonnée à l'eau de condensation par chaque kilogramme de vapeur condensée, — environ 555 calories, — on peut déduire des mesures calorifiques du condenseur le poids de vapeur qu'il condense. En général, le poids de vapeur ainsi déterminé est, lorsque les enveloppes fonctionnent, supérieur de 4 pour 100 à celui de l'eau mesurée dans la bâche. Lorsque les enveloppes ne fonctionnent pas, cet excédent varie de 1 à 2 pour 100.

Le Tableau II donne les principaux résultats du calcul de la chaleur sortie des machines par kilogramme d'eau de condensation.

Tableau II.

		AVEC ENVELOPPES.			SANS ENVELOPPES.		
		Essai 44.	Essai 33.	Essai 56.	Essai 41.	Essai 35.	Essai 40.
Calories du condenseur par kilogr. d'eau de la bâche..	Calculées ..	562	563	562	563	561	550
	Mesurées ..	600	583	583	592	592	545
	Différence..	— 38	— 20	— 21	— 29	— 4	— 5

Pour les essais avec enveloppes, on suppose que la vapeur s'échappe à l'état de vapeur saturée sèche, en emportant au condenseur sa chaleur de vaporisation à la pression de l'échappement, comptée en partant d'eau prise à la température de la bâche, diminuée de la chaleur équivalente au travail externe d'évaporation et au travail de la contre-pression, de sorte que, si l'on désigne, conformément aux notations de Rankine (¹), par

H_2 l'équivalent mécanique de la chaleur totale nécessaire pour vaporiser à la pression de l'échappement un kilogramme d'eau pris à la température de la bâche;
h_3, l'équivalent de la chaleur du kilogramme d'eau à cette température;
P_2 et P_3 la pression à la fin de la détente et la contre-pression, en kilogrammes;
V_2 le volume du cylindre en mètres cubes,

la chaleur déchargée au condenseur à chaque échappement est donnée par la formule

$$Q = \frac{H_2 - h_3 - (P_2 - P_3)V_2}{424} \text{ calories.}$$

Lorsqu'on marche sans enveloppes, on suppose que la vapeur admise au cylindre de basse pression à l'état sec et saturé y apporte sa chaleur totale de vaporisation H_1, depuis l'eau prise à la température du condenseur jusqu'à la pression d'admission, et qu'elle utilise au condenseur cette chaleur diminuée de la chaleur équivalente au travail indiqué I par kilogramme d'eau de condensation. Cette chaleur est égale à

$$\frac{H_1 - h_3 - I \times 4500}{n},$$

n étant le nombre de kilogrammes de vapeur condensés par minute.

Ces formules ne tiennent pas compte de la chaleur perdue par le rayonnement des parois du cylindre, etc.; et l'on ne peut les considérer que comme des approximations, utiles néanmoins pour le contrôle des résultats directs et leur discussion. Exemple : dans les essais 44, 33, 36, avec enveloppes, la chaleur déchargée du condenseur et mesurée est plus élevée de 5 pour 100 environ que les chaleurs calculées, tandis qu'elle leur est inférieure de 1 à 2 pour 100 dans les essais 40 et 35

(¹) *La machine à vapeur*. 1 vol. Dunod.

sans enveloppes. Ces différences, dont on ne peut préciser exactement l'origine, s'expliquent en partie par les variations de la perte par rayonnement, qui augmente quand on emploie les enveloppes.

Rayonnement. — L'intensité du rayonnement varie un peu avec la température de la salle des machines. En moyenne, elle est, avec de la vapeur à 14 atmosphères dans les enveloppes, de 320 calories par minute et de 260 calories sans vapeur dans les enveloppes, soit une différence de 60 calories par minute pour les trois machines.

Chaleur emportée pendant l'échappement. — On sait que l'eau précipitée sur les parois du cylindre pendant la course motrice s'y évapore pendant l'échappement aux dépens de la chaleur des parois; la vapeur d'échappement peut même, dans certains cas, être surchauffée de ce fait, et l'on serait tenté d'attribuer à une surchauffe de ce genre les différences entre les résultats et les calculs du Tableau II. Mais la température de la vapeur à l'échappement étant à très peu près celle de la saturation, on ne peut pas admettre cette hypothèse.

Lors de l'échappement, la vapeur tombe brusquement de sa pression à la fin de la détente à celle du condenseur, et la condensation qui en résulte doit être revaporisée par les parois du cylindre en leur empruntant une chaleur qui peut, dans bien des cas, expliquer en partie l'excès de la chaleur du condenseur sur la chaleur calculée. Cette chaleur, fournie aux parois par l'enveloppe ou restituée par une condensation à l'admission, traverse la machine sans y accomplir aucun travail utile, et diminue de 3 à 6 pour 100 son rendement théorique.

Les diagrammes représentés par les *fig.* 14, *Pl. VI*, ont été déduits des diagrammes réels et tracés à une échelle commune de manière qu'ils représentent les variations de volume et de pression de l'unité de poids de vapeur, — la livre anglaise de $0^{kg},450$, — dans son passage successif en triple expansion au travers des cylindres des trois machines. Les ordonnées représentent les pressions en livres par pouce carré, et les abscisses les volumes en pieds cubes par livre de vapeur.

Ainsi, dans ces diagrammes :

La plus grande longueur du diagramme représente...........	le volume effectif d'une cylindrée par chaque livre de vapeur admise ;
Les abscisses des courbes de détente et de compression.......	les volumes de la livre de vapeur aux pressions correspondantes;
L'aire des diagrammes...........	les travaux indiqués correspondants par livre de vapeur admise;
Les abscisses de la courbe de compression.....................	le volume de vapeur par livre rendu inutile par l'espace nuisible ;
Les écarts entre les courbes de détente et la courbe de saturation........................	le volume de vapeur manquant par condensation, primage ou fuites;
Le rapport des abscisses correspondant à la fermeture de l'admission et au commencement de l'échappement donne................	le degré effectif de détente.

L'aire limitée par la courbe de saturation l'ordonnée d'origine et la pression représente le plus grand travail que puisse développer la livre de vapeur maintenue saturée entre les limites données des pressions extrêmes du diagramme. Les vides entre les diagrammes réels et cette surface limite représentent les pertes dans chaque cylindre et dans le passage de la vapeur d'un cylindre à l'autre. C'est au diagramme de saturation que l'on a ramené les rendements de tous les essais avec ou sans enveloppe, bien que cette méthode ne soit rigoureuse, du moins en ce qui concerne la figuration des diagrammes comparatifs, que pour les essais sans enveloppe, où l'admission d'un poids de vapeur donné, à une pression donnée, correspond toujours au passage, au travers de la machine, d'une même quantité de chaleur, parfaitement déterminée.

Condensation, primage et fuites de la vapeur dans les cylindres d'après les diagrammes.

La perte de travail représentée sur les diagrammes par la partie noire peut provenir aussi bien d'une fuite de vapeur aux pistons que de sa condensation aux cylindres.

Or, d'après ces diagrammes, en marche avec enveloppe, la vapeur disparue dans le cylindre de haute pression reparaît tout entière avant la fin de sa course au cylindre de la deuxième machine, et la vapeur disparue pendant l'admission au cylindre de basse pression se retrouve aussi à la fin de sa course. Il semble donc qu'il n'y ait pas de fuite par les pistons de la deuxième et de la troisième machine. Reste à savoir s'il n'y a pas de fuites au piston de la première machine et aux tiroirs des autres pendant la détente. En fait, les diagrammes de la machine n° 2 ont révélé l'existence de fuites, pendant la première partie de la détente, entre le tiroir de détente et le tiroir principal. Ces fuites, qui se sont manifestées pendant les cinquante-cinq premiers essais, ont été corrigées à partir du cinquante-sixième, dont les résultats indiquent, par comparaison, l'influence des fuites en question. En outre, sauf en un seul cas, il n'y eut aucune fuite appréciable aux enveloppes. M. Reynolds en conclut que l'on peut attribuer sans erreur sensible presque toute la perte des diagrammes à la condensation aux cylindres.

Il faudrait, pour éviter complètement cette condensation, maintenir constamment les parois des cylindres à la température d'admission. Il ne suffit pas, pour cela, de les envelopper de vapeur à peu près à la pression de la chaudière, car la température des parois intérieures du cylindre est toujours moins élevée que celle des parois extérieures ou de l'enveloppe.

Cette chute ou différence de température est nécessaire afin que la chaleur puisse traverser l'enveloppe avec assez d'abondance pour maintenir la vapeur en saturation pendant toute la durée de la détente, sans condensation sur les parois.

Considérons, par exemple, le premier cylindre, celui de haute pression. Un kilogramme de vapeur exige, pour se maintenir saturé pendant sa détente de 14^{kg} à $5^{kg},40$, environ 31 calories, soit, pour les 270^{kg} de vapeur admis par heure à ce cylindre, environ 8370 calories à fournir par l'enveloppe. Comme la surface de cette enveloppe n'est que de $0^{mq},14$, elle devra fournir de la chaleur au taux de 60 000 calories environ par heure et par mètre carré, ce qui exigerait, étant donné que son épaisseur est de 10^{mm}, une différence de température de 22° environ entre ses parois externes et internes. La température de la vapeur dans l'enveloppe devrait donc être supérieure de 20° à la température moyenne de la vapeur dans le cylindre. Or, lorsqu'on marche sans enveloppe, la température moyenne de la vapeur, de 195° à l'admission et de 150° à l'échappement, est d'environ 173°, ou inférieure de 22° à celle de l'enveloppe, laquelle ne peut donc fonctionner qu'avec un excès de température théorique d'environ 2°. En d'autres termes, l'enveloppe ne pourrait jamais maintenir les parois qu'à une température supérieure de 2° environ à celle nécessaire pour conserver le régime de saturation. On en conclut que son action sur la condensation de la vapeur doit être très faible.

Dans le cylindre intermédiaire, — celui de la deuxième machine, — il faut autant de chaleur pour prévenir la condensation que dans le premier, mais une différence de température moitié moindre, puisque la surface de l'enveloppe est double. Comme la température de l'enveloppe est, pour ce cylindre, supérieure de 34° à celle de la vapeur à l'admission, la condensation ne s'y produit que très peu, sur certaines parties des parois plus épaisses.

Enfin, dans le cylindre de basse pression, où la température de l'enveloppe est supérieure de 78° à celle de la vapeur à l'admission, la condensation doit être encore plus faible que dans la machine n° 2. On voit en effet, sur les diagrammes C que cette condensation, toujours très faible, augmente un peu jusqu'à ce que la détente atteigne 1,5 à 2, puis disparaît graduellement. Ces diagrammes démontrent donc qu'il suffit aux enveloppes d'un excès de température de 78° sur celle de la vapeur d'admission pour éviter toute condensation sensible dans un cylindre traversé par 325^{kg} de vapeur à l'heure.

D'après les diagrammes des essais 40, 41 et 35, exécutés

sans enveloppes, la condensation augmente d'un cylindre à l'autre ; c'est ce qui explique en grande partie les vitesses différentes que ces machines prennent dans la marche sans enveloppes. Quant à la valeur relative de la condensation aux différents points de la course, elle suit, comme l'indique le Tableau ci-dessous, à peu près la même loi dans tous les cylindres.

Condensation sans enveloppes.

	NUMÉROS des essais.	TOURS par minute.	DÉTENTE.	PROPORTION de vapeur condensée		
				à la fermeture de l'admission.	à la détente.	à l'échappement.
Machine n° 1 ...	41	146	2,7	0,40	0,39	0,30
	35	229	2,3	0,29	0,27	0,22
	40	322	2,0	0,22	0,21	0,17
Machine n° 2 ...	41	127	2,4	0,41	0,345	0,29
	35	215	2,4	0,38	0,34	0,26
	40	320	2,2	0,30	0,27	0,14
Machine n° 3 ...	41	109	2,7	0,51	0,48	0,37
	35	184	3,05	0,48	0,47	0,33
	40	276	2,6	0,42	0,36	0,23

La chaudière vaporisait en moyenne $10^{kg},4$ d'eau par kilogramme de charbon, à la pression de 14^{kg} et avec de l'eau réchauffée à 55°, soit, en supposant que l'eau fût entièrement vaporisée, un rendement de 6300 calories utilisées par kilogramme de houille. Les gaz entraient dans le réchauffeur à 260° environ, en sortaient à 97°, et chauffaient l'eau de 55°.

Discussion.

Ainsi que nous l'avons fait remarquer dès l'origine, les expériences de M. Reynolds ne sont pas aussi complètes qu'on aurait pu l'espérer, principalement en ce qui concerne la comparaison raisonnée des marches en machine simple, compound et en triple expansion. La plupart des éléments de cette comparaison se trouvent, il est vrai, dans les Tableaux de M. Reynolds, mais le Mémoire aurait certainement gagné beaucoup à ne pas les laisser à l'état de simples données, abandonnant au lecteur le soin d'en tirer lui-même des déductions comparatives.

Plusieurs ingénieurs, notamment MM. Bodmer et Willans, ont insisté pendant la discussion sur ce point faible du Mémoire de M. Reynolds, ainsi que sur la perte inexpliquée de 5 à 10 pour 100 d'eau, que l'on aurait pu, d'après eux, sinon éviter, du moins localiser avec plus de précision que ne l'a fait l'Auteur.

A ces quelques réserves près, on s'est accordé pour reconnaître la grande valeur des essais de M. Reynolds, et surtout l'intérêt d'une installation disposée comme la sienne, pour étudier à volonté, sur des machines ne s'écartant pas beaucoup des conditions de la pratique, les problèmes les plus intéressants de la machine à vapeur moderne.

Nous nous contenterons de reproduire avec quelque étendue les observations présentées par M. Dwelshauvers Dery, l'éminent professeur de Liège, parce qu'elles résument très bien la plupart des critiques adressées au Mémoire de M. Reynolds, et qu'elles présentent, en outre, plusieurs considérations très importantes.

Comme le fait remarquer avec raison M. Dwelshauvers, il faudrait, pour apprécier et déterminer le rôle des enveloppes par la méthode rigoureuse de Hirn, connaître, pour chaque cylindre, le volume de l'espace nuisible et les volumes occupés par la vapeur aux commencements de l'admission, de la détente, de l'échappement et de la compression, son travail pendant chacune de ces phases, les diagrammes moyens à chaque bout du cylindre, le rayonnement de chaque cylindre et de chaque réservoir et la chaleur fournie par la vapeur à chacune des enveloppes. Ces données sont, comme on le sait, indispensables pour établir les six équations fondamentales de la théorie expérimentale de Hirn; or, les tableaux de M. Reynolds ne fournissent que les éléments de la première équation : l'équation de contrôle ou de vérification, comme la balance des comptes de l'essai.

On peut néanmoins déduire de ces résultats incomplets quelques conclusions générales par la méthode qui consiste à rapporter à la chaleur totale dépensée, prise comme unité, toutes les fractions de cette balance. La chaleur totale fournie à la machine, $Q + Q'$, se compose de deux parties : la chaleur totale Q, amenée au cylindre par la vapeur, partant d'eau prise à zéro, et la chaleur Q' de l'enveloppe. On doit la retrouver dans la somme des quantités suivantes :

1° Travail externe accompli : T calories;

2° Rayonnement extérieur E;

3° Chaleur cédée au condenseur, composée de deux parties : la chaleur C, fournie à l'eau froide, et la chaleur c de la vapeur condensée.

On a donc entre ces quantités les deux équations

$$Q + Q' = T + E + (C + c)$$

et

$$1 = \frac{T}{Q + Q'} + \frac{E}{Q + Q'} + \frac{C + c}{Q + Q'}.$$

Le Tableau ci-après donne ces trois derniers rapports ainsi que les valeurs de $\frac{Q}{Q + Q'}$, $\frac{Q'}{Q + Q'}$ et $\frac{Q' - E}{Q + Q'}$ pour les six essais relatés par M. Reynolds.

On voit que c'est l'essai 56 qui a donné le meilleur rendement; que, dans certains cas, sans qu'on en sache la raison, le rayonnement extérieur E s'est montré extrêmement faible; et que la chaleur de la vapeur $(Q' - E)$ n'a guère varié dans les trois essais. On ne s'explique donc pas *a priori* la supériorité du rendement de l'essai 56.

Le rendement f d'une machine est le produit ou la résultante de plusieurs autres, savoir :

Le rendement thermique $f_1 = \frac{T - T_1}{T}$: T et T_1 étant les températures absolues de l'eau dans la chaudière et de l'eau de condensation;

Le rendement f_2 du cycle, ou le rapport du travail indiqué au travail du moteur fonctionnant suivant un cycle de Carnot entre les mêmes limites de température;

Et enfin le rendement organique f_3, de sorte que l'on a

$$f = f_1 f_2 f_3.$$

Analyse thermique.

	AVEC ENVELOPPES.			SANS ENVELOPPES.		
	Essai 44.	Essai 33.	Essai 56.	Essai 41.	Essai 35.	Essai 40.
$\frac{Q}{Q+Q'}$	0,749	0,789	0,817	0,870	0,893	0,905
$\frac{Q'}{Q+Q'}$	0,251	0,211	0,183	0,130	0,107	0,095
$\frac{T}{Q+Q'}$	0,152	0,164	0,170	0,124	0,135	0,136
$\frac{E}{Q+Q'}$	0,132	0,095	0,065	0,047	0,058	0,050
$\frac{C+c}{Q+Q'}$	0,716	0,741	0,764	0,828	0,807	0,814
$\frac{Q'-E}{Q+Q'}$	0,119	0,115	0,119	0,083	0,048	0,045
f_1.	0,3944	0,3732	0,3904	0,3936	0,3755	0,3918
f_2.	0,3874	0,4389	0,4360	0,3290	0,3802	0,3766
f_3.	0,7921	0,8128	0,7649	0,7869	0,8265	0,7969
f.	0,1207	0,1331	0,1302	0,0978	0,1114	0,1080
$f_1 f_2$.	0,1524	0,1638	0,1702	0,1243	0,1347	0,1356

Ce rendement total a peu varié : de 5 pour 100 de part et d'autre de sa valeur normale, et sans raison apparente. Dans chacune des deux séries, avec ou sans enveloppes, le rendement organique a été maximum aux vitesses moyennes. Avec les enveloppes, il a été maximum aux plus grandes vitesses et minimum aux plus petites, de sorte qu'il faudrait, pour déterminer l'influence de l'enveloppe ou celle de la vitesse, éliminer f_1 et f et ne considérer que f_2.

Le Tableau ci-dessus donne les valeurs des rendements f_1, f_2, tirées des expériences de M. Reynolds : le produit $f_1 f_2$ représente le rapport de la chaleur équivalente au travail indiqué à la chaleur totale dépensée. D'après les chiffres de ce Tableau, l'enveloppe aurait augmenté de 19,4 pour 100 en moyenne le rendement f_2 du cycle.

Tableau I. — Résultats moyens des machines à triple expansion, freins séparés.

	Avec les enveloppes des cylindres et du réservoir à la pression de la chaudière.			Cylindres sans enveloppes. Réservoir à la pression de la chaudière.		
	Essai 41.	Essai 33.	Essai 56.	Essai 41.	Essai 35.	Essai 40.
	kg	kg	kg	kg	kg	kg
Pressions absolues. Chaudière	14	14	15	14,5	14,5	14
» » Réservoir n° 1	14	13,7	14	14	14	14
» » » n° 2	4,2	5	5,8	4,5	4,9	5,3
» » » n° 3	1,45	1,55	1,54	1,50	1,56	1,75
Pressions moyennes indiquées au condenseur	0,10	0,12	0,15	0,15	0,15	0,17
» » Machine n° 1	5	4,80	4,82	4,90	5	5,10
» » » n° 2	2	2	2,25	2,04	1,91	2
» » » n° 3	0,81	0,80	0,85	0,82	0,80	0,80
Tours par minute. Machine n° 1	115	206	230,5	146	229	322
» » n° 2	135	241	298	127	215	320
» » n° 3	152	249	299	109	184	276
	Chevaux	Chevaux	Chevaux	Chevaux	Chevaux	Chevaux
Puissance indiquée. Machine n° 1	8,06	13,82	15,6	10,07	16,11	23,11
» » n° 2	9,05	17,54	24,8	9,73	15,17	23,86
» » n° 3	15,32	24,4	31,7	11,12	17,23	26,90
Puissance au frein. Mach. n° 1 avec arbre interm.	6,56	11,74	13,13	8,32	13.05	18,35
» » n° 2 »	8,21	14,65	18,12	7,72	13,07	19,46
» » n° 3 »	11,55	18,93	23,9	8,29	13,98	21,00
Rendement organique. Mach. n° 1 avec arbre int.	0,812	0,848	0,844	0,825	0,810	0,794
» » n° 2 »	0,835	0,835	0,73	0,793	0,861	0,815
» » n° 3 »	0,753	0,775	0,754	0,75	0,810	0,780
Puissance totale indiquée	33,23	55,76	72,1	30,92	48,51	73,81
» effective	26,32	45,32	55,15	24,33	40,10	58,81
Rendement organique effectif des machines 1, 2 et 3, avec arbres intermédiaires	0,792	0,813	0,765	0,790	0,826	0,800
Litres d'eau passant par minute au condenseur	95	197	206	120	155	184
Température initiale de cette eau	10°	20°	13°	11°	18°	11°
» finale	27°	33°	28°	28°	37°	55°
Calories acquises par minute	1 570	2 500	3 215	2 060	2 870	4 300
» emportées comme chevaux indiqués par minute	360	596	772	230	520	800
Calories emportées comme chevaux indiqués et dans l'eau de condensation	1 930	3 096	3 987	2 290	3 390	5 100
Rendement thermique donné par la chaleur emportée dans l'eau de condensation	0,185	0,192	0,194	0,141	0,153	0,155
Litres d'eau débités de la bâche par minute	2,65	4,34	5,45	3,50	5,40	7,80
Température de la bâche	39°	45°	44°	43°	46°	56°
Excès de la température de la bâche sur celle de l'eau d'alimentation	12°,1	0°,0	5°	14°	0°,0	0°,0
Calories emportées de la bâche par minute	33,5	0,0	90	50	0,0	0,0
» » » par rayonnement	307,5	350	295	126	225	295
» » » des machines (totales)	2 260	3 450	3 470	2 570	3 015	5 303
» nécessaires pour vaporiser 1^{kg} d'eau à l'économiseur	288	280	267	268	280	275
» reçues par minute en vapeur sèche	1 680	2 675	3 555	2 220	3 205	4 850
» reçues de chaque litre d'eau condensée à la pression de la chaudière	211	211	209	210	210	210
Litres d'eau par minute des enveloppes	1,27	1,63	1,80	0,70	0,90	1,18
Calories reçues par minute de l'eau des enveloppes, etc.	585	770	830	350	412	560
Calories totales reçues par min. par les machines	2 360	3 450	4 375	2 567	3 625	5 400
Température de l'eau à l'entrée de l'économiseur	27°	45°	28°	28°	45°	55°
Échauffement par l'économiseur	53°	46°	73°	60°	42°	59°
Litres d'eau débités de la bâche par heure	158	260	335	210	312	408

Tableau I. — Résultats moyens des essais des machines à triple expansion, freins séparés (*Suite et fin*).

	AVEC LES ENVELOPPES DES CYLINDRES et du réservoir à la pression de la chaudière.			CYLINDRES SANS ENVELOPPES. Réservoir à la pression de la chaudière.		
	Essai 44.	Essai 33.	Essai 56.	Essai 41.	Essai 35.	Essai 40.
Calories fournies par heure à l'eau dans l'économiseur	8 375	12 050	24 250	12 450	13 125	28 500
Eau retournée par heure des enveloppes à la chaudière	75	100	107	45	53	72
Température de la chaudière	156°	156°	156°	156°	156°	156°
Température de l'eau d'alimentation (économisr et enveloppes) à l'entrée dans la chaudière	118°	121°	135°	104°	105°	127°
Alimentation par heure à la chaudière	233	360	442	255	367	545
Chaleur de vaporisation du kilogramme d'eau d'alimentation	247	245	244	255	254	243
Calories par heure transmises à la chaudière	127 250	195 000	238 000	143 000	203 700	294 700
» » reçues du foyer	135 6.5	207 050	240 450	155 450	216 825	323 200
» transmises par kilog. de houille :						
à l'économiseur	170	162	255	228	163	210
à la chaudière	2 550	2 600	2 470	4 750	4 290	4 125
totales	**2 720**	**2 762**	**2 720**	**4 978**	**4 453**	**4 365**
» par cheval-heure indiqué perdues par rayonnement aux machines	0,5	0,34	0,21	0,21	0,25	0,24
» » » à la chaudière	3,05	2	2	4,20	2,25	2,26
» » » total	**3,55**	**3,34**	**2,21**	**4,41**	**2,50**	**2,50**
Dépense de charbon par cheval-heure indiqué :	kg	kg	kg	kg	kg	kg
» » en rayonnement	0,09	0,06	0,04	0,04	0,04	0,04
» » en travail indiqué	0,60	0,57	0,57	0,80	0,71	0,70
» » total	**0,69**	**0,66**	**0,61**	**0,84**	**0,75**	**0,74**

Paris. — Imp. Gauthier-Villars et fils, 55, quai des Grands-Augustins.

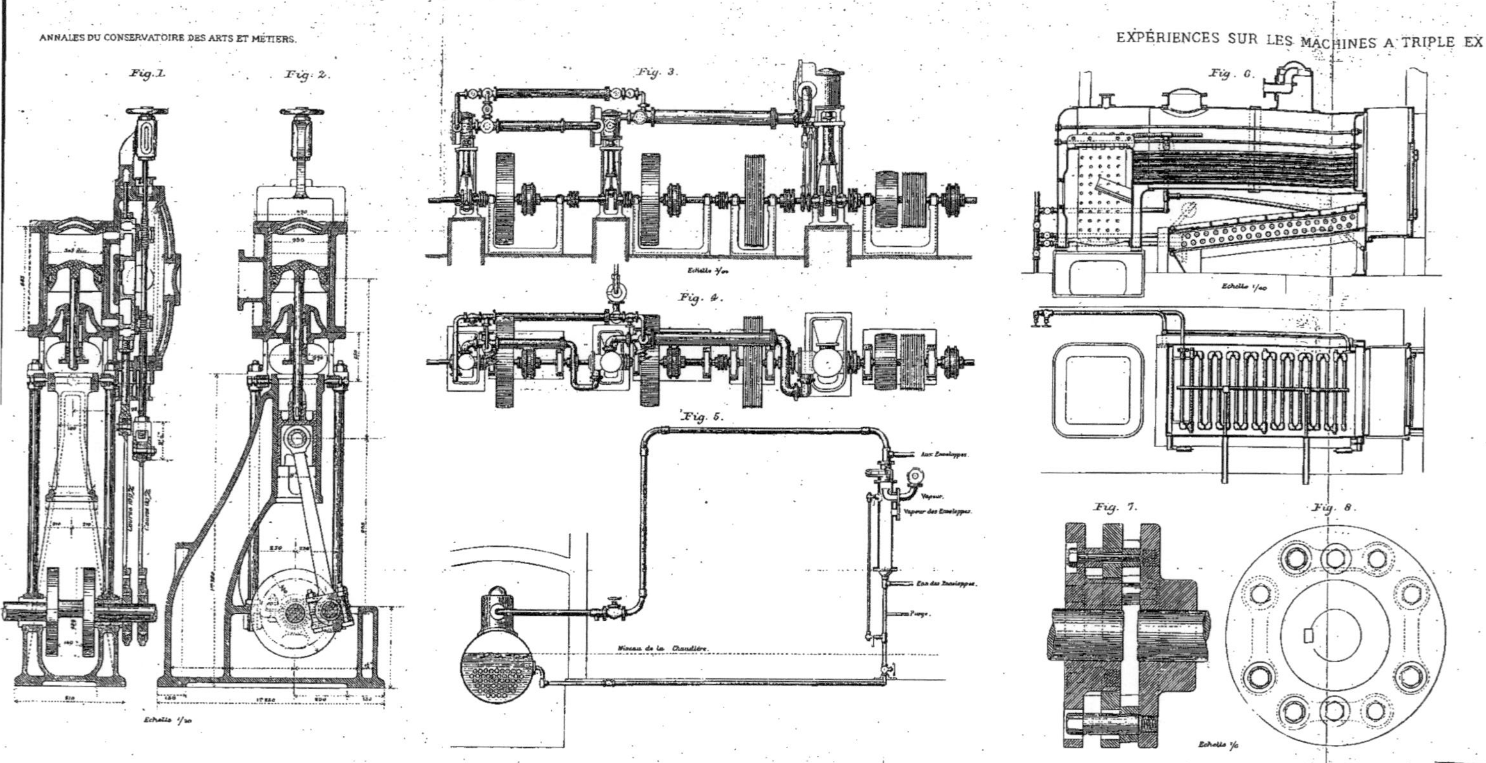
Fig. 1.
Fig. 2.
Echelle 1/20
Fig. 3.
Echelle 1/40
Fig. 4.
Fig. 5.
Aux Enveloppes.
Vapeur.
Vapeur des Enveloppes.
Eau des Enveloppes.
Purge.
Niveau de la Chaudière.
Fig. 6.
Echelle 1/40
Fig. 7.
Fig. 8.
Echelle 1/6

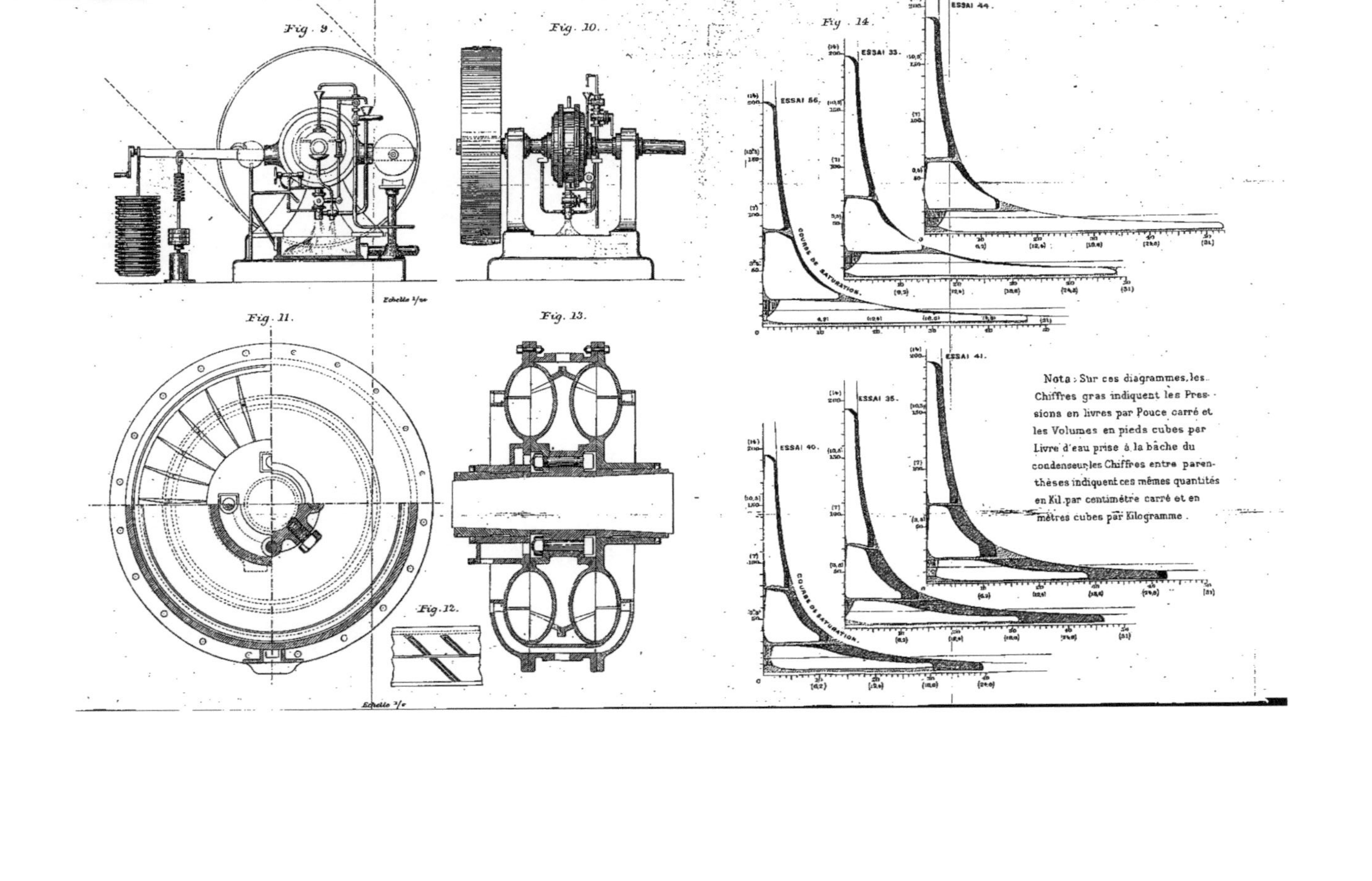
Fig. 9.
Fig. 10.
Echelle 1/10
Fig. 11.
Fig. 12.
Fig. 13.
Echelle 1/5
Fig. 14.
ESSAI 56.
ESSAI 33.
ESSAI 44.
COURBE DE SATURATION.
ESSAI 40.
ESSAI 35.
ESSAI 41.
COURBE DE SATURATION.
Nota : Sur ces diagrammes, les Chiffres gras indiquent les Pressions en livres par Pouce carré et les Volumes en pieds cubes par Livre d'eau prise à la bâche du condenseur, les Chiffres entre parenthèses indiquent ces mêmes quantités en Kil. par centimètre carré et en mètres cubes par Kilogramme.

www.ingramcontent.com/pod-product-compliance
Ingram Content Group UK Ltd.
Pitfield, Milton Keynes, MK11 3LW, UK
UKHW020549230726
13925UKWH00006B/2495

9 782013 416917